Precious
Appreciation

行家宝鉴

寿山石之荔枝洞石

王一帆 著

 海峡出版发行集团
THE STRAITS PUBLISHING & DISTRIBUTING GROUP | 福建美术出版社
FUJIAN FINE ARTS PUBLISHING HOUSE

图书在版编目（CIP）数据

寿山石之荔枝洞石 / 王一帆著 . -- 福州 : 福建美术出版社 , 2015.6

（行家宝鉴）

ISBN 978-7-5393-3360-1

Ⅰ . ①寿… Ⅱ . ①王… Ⅲ . ①寿山石 – 鉴赏②寿山石 – 收藏

Ⅳ . ① TS933.21 ② G894

中国版本图书馆 CIP 数据核字 (2015) 第 144987 号

作　　者：王一帆

责任编辑：郑婧

寿山石之荔枝洞石

出版发行：海峡出版发行集团

　　　　　福建美术出版社

社　　址：福州市东水路 76 号 16 层

邮　　编：350001

网　　址：http://www.fjmscbs.com

服务热线：0591-87620820（发行部）　87533718（总编办）

经　　销：福建新华发行集团有限责任公司

印　　刷：福州万紫千红印刷有限公司

开　　本：787 毫米 ×1092 毫米　　1/16

印　　张：5

版　　次：2015 年 8 月第 1 版第 1 次印刷

书　　号：ISBN 978-7-5393-3360-1

定　　价：58.00 元

编者的话

　　这是一套有趣的丛书。翻开书，丰富的专业知识让您即刻爱上收藏；寥寥数语，让您顿悟收藏诀窍。那些收藏行业不能说的秘密，尽在于此。

　　我国自古以来便钟爱收藏，上至达官显贵，下至平民百姓，在衣食无忧之余，皆将收藏当作怡情养性之趣。娇艳欲滴的翡翠、精工细作的木雕、天生丽质的寿山石、晶莹奇巧的琥珀、神圣高洁的佛珠……这些藏品无一不包含着博大精深的文化，值得我们去了解、探寻和研究。

　　本丛书是一套为广大藏友精心策划与编辑的普及类收藏读物，除了各种收藏门类的基础知识，更有您所关心的市场状况、价值评估、藏品分类与鉴别以及买卖投资的实战经验等内容。

　　喜爱收藏的您也许还在为藏品的真伪忐忑不安，为藏品的价值暗自揣测；又或许您想要更多地了解收藏的历史渊源，探秘收藏的趣闻轶事，希望这套书能够给您满意的答案。

寿山石之荔枝洞石

目录

寿山石选购指南

寿山石的品种琳琅满目，大约有 100 多种，石之名称也丰富多彩，有的以产地命名，有的以坑洞命名，也有的按石质、色相命名。依传统习惯，一般将寿山石分为田坑、水坑、山坑三大类。

寿山石品类多，各时期产石亦有所不同，对于其品种之鉴别，须极有细心与耐心，而且要长期多观察与积累经验。广博其见闻，比较分析其肌理、石性等特质。比如，同样是白色透明石，含红色点的称"桃花冻"，而它又有水坑与山坑之别，其红点之色泽、粗细、疏密与石性之变化又各有不同，极其微妙。恰恰是这种微妙给人带来乐趣，让众多爱石者痴迷。

正因为寿山石品类多，变化大，所以石种品类的优劣悬殊也大，其价值也有天壤之别。因此对于品种及石质之辨别极为重要。

石 性	质 地	色 彩	奇 特	品 相
识别寿山石的优劣、价值，不外石性、质地、色泽、品相、奇特等方面。有人说，寿山石像红酒，也讲出产年份。一般来讲，老坑石石性稳定，即使不保养，它也不会有像新性石因水分蒸发而发干并出现格裂的现象，所以老性石的价格比新性石高。	细腻温嫩、通灵少格、纯净有光泽者为上。	以鲜艳夺目、华丽动人者为上，单色的以纯净为佳。	纹理天然多变，以奇异为妙。	石材厚度宜适中，切忌太厚，以少格裂为好。

当然，每个人在收集、购买寿山石时，都会带有自己的想法和选择：有的单纯是为了观赏，有的是为了保值增值而做的投资，有的甚至只为了满足猎奇的心理，或者兼而有之，各人都有自己的道理。但购买时要懂得一些寿山石的常识，不要人云亦云、跟风或者贪图小便宜。世上没有无缘无故的便宜货，天上不会掉下馅饼，卖家总是心知肚明，买家需要的则是眼力。如果什么都不懂就胡乱购买一通，那就可能如人说的"一买就受伤，当个冤大头"。

寿山石是不可再生资源，随着时间的推移，一定会越来越珍贵。所以每个爱石者若以自己个人的爱好和经济能力收藏寿山石，一定是件愉悦的事，既可以带来美的享受，又能有只升不跌的受益，何乐而不为呢！

海的女儿 · 王则坚 作

荔枝冻石

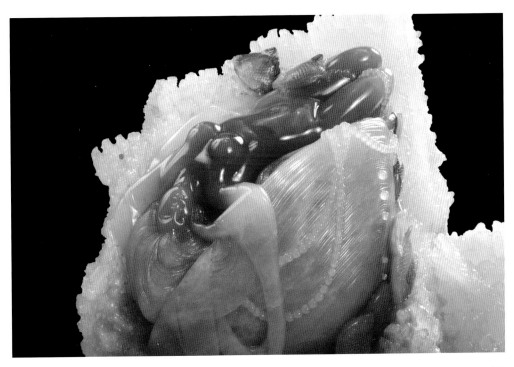

海的女儿·局部

渔翁 · 林元康 作
荔枝洞石

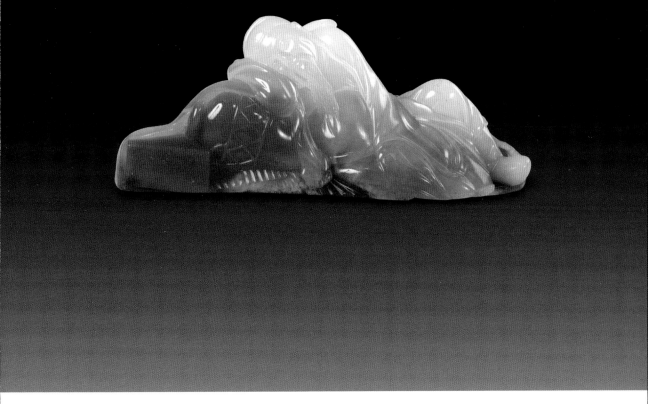

太白醉酒 · 王祖光 作
荔枝冻石

太白醉酒 ·陈益晶 作
红黄白荔枝冻石

达摩 · 林元康 作
荔枝冻石

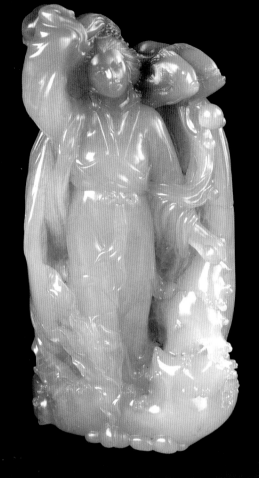

海的女儿 · 刘丹明（石丹）作

巧色荔枝冻石

第一节

荔枝洞石的开采

　　荔枝洞石矿区位于高山峰的东北边，太极峰的半山腰，为高山石的一个新石种，乃高山石中之佼佼者。未发现时养在"深闺"数千万年人不知，一朝面世石破天惊，一石一色极尽娇态，艳压群石，一时间"三千宠爱在一身"，山坑诸石无颜色，遂令天下爱石人不重他石重"荔枝"。

　　说起荔枝洞石的发现，不得不提起寿山村的张家祥（小名红妹）这位老石农。1985年，张家祥曾有几个月匿居高山上，他整天在山中转悠，寻找矿苗，去的地方多是无路可走的山崖陡坡。有一天，他来到太极峰的山腰，走得累了，就倚靠在一棵野荔枝树下吸烟休息。正当他眯着眼吞云吐雾时，朦胧中感觉身边的岩石有些异样，猛然间，想到会不会是新矿苗，马上起身仔细查看了许久，断定这是一处非常有希望的矿线，高兴得不得了。于是找来石块和草木将矿苗掩盖起来，并记下野荔枝树的位置，又观察了周围的地形和将来可以开挖的山路，这才乐滋滋地走向山上临时居住的小石屋。过了一段时间，他终于结束"匿居"生活，与家人私下偷偷筹备开矿。

　　1985年，红妹开采的矿洞传来嘉讯，佳石问世，寿山人称之"红妹洞"。此洞所出之石通灵纯洁，美艳盖世，洞口上方那棵野荔枝树，就像酒家的幌一样，引来众人争相开采。后来黄仁坤、黄其友、六妹三位老人与红妹协商合股在"红妹洞"旁边又开一洞，人称"老人帮洞"。石农黄光在、黄木发也分别在周边又开两个洞，即村里人所说的"光在洞"和"木发洞"。1986年王忠清、王忠亮兄弟也上山开了第五个矿洞，民间称"阿亮洞"。这五个矿洞都有佳石产出，质地和色泽十分美艳，"红妹洞"最早开采，出石最多，红妹也因此家道殷实起来。王忠亮最早到福州发展寿山石生意，所以"红妹洞"和"阿亮洞"的名声最大。

　　荔枝洞石的问世，引起了石雕界与收藏界的轰动，石价不断上升，更多的石农也纷纷加入开采的行列，场面十分热烈。创造了寿山石矿区参与人数最多、矿洞分布最密、采用机械化程度最高、挖掘速度最快的记录。据石农说，荔枝洞的矿脉状呈立柱形，各洞从各个方面都往中心开采，至1991年，仅挖数年，这条矿脉就开采殆尽。1987年至1989年间，荔枝洞出石的数量最多，质地也最好，此后，产量逐渐减少，品质也不如从前了。1993年有人从荔枝洞向山下鸡母窝石产区开凿，出产了一批新石，其质地和色泽接近鸡母窝石，与原先的荔枝洞石相比逊色不少，但因为荔枝洞石出名、价格高、"招牌赤"，所以石农称之为"新性荔枝洞石"。

爱石者皆知，寿山石品种很多，即使是田黄、芙蓉等名贵的老石种，过去、现在都还在断断续续地出产，而真正质佳色美的新品种则凤毛麟角。唯独艳丽的荔枝洞石是"前不见古人，后不见来者"的新品种，可惜仅出产数年便已绝产，故而流传世间的材巨色美的荔枝洞石作品不过数十件而已。不少精明的收藏家一开始就竞相搜寻，引来许多寿山石农、石雕艺人、寿山石商贾也纷纷参与加入，竞购人数不断增多，掀起一波又一波的"荔枝"热潮，而且愈演愈烈。

荔枝洞矿区远眺

第二节

荔枝洞石的分类

　　荔枝洞石的特征十分明显，其石质特征为：石性凝结，透明度强，晶莹剔透，肌理有粗丝纹，有些原石还有黄色石皮。透明度强而且十分通灵的则称之"荔枝冻石"或"荔枝晶石"。

　　以色泽论：红、黄、白、黑各色皆有，且色泽鲜艳。红者称"红荔枝"，黄者称"黄荔枝"，白者称"白荔枝"，兼有两色称"红白荔枝"、"黄白荔枝"，红黄白齐备者称"红黄白三色荔枝"，价值最高。

　　以上所述的是荔枝洞石的上品，不过也不能因此认为所有荔枝洞石都是好的，要根据每块原石的具体情况论优劣。有些荔枝洞石肌理有"黑针"点，丝纹太粗，或者透明度不强，颜色不够鲜亮、偏灰偏暗，有的石中夹有绵砂或砂块，甚至有大面积的黑砂体，这样品质的荔枝洞石则属于下品。需要特别提醒的是，中夹着白黄砂团的荔枝洞原石，其质地色泽一般都特别好；如果是纯白荔枝洞石，其质地则呈结晶体，如冰糖般通灵。

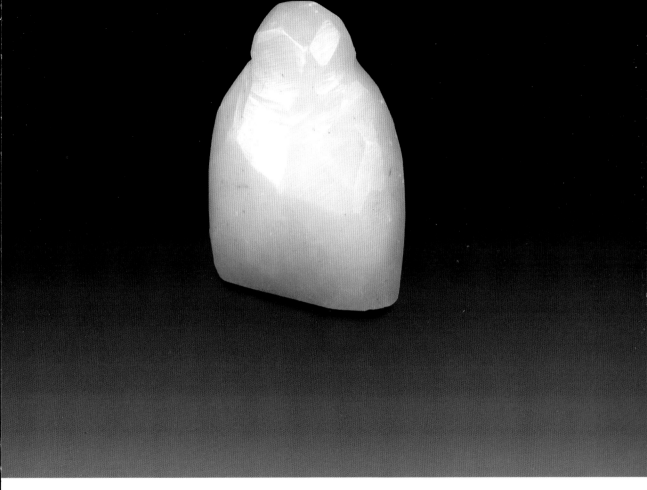

冰糖地白荔枝冻原石

白荔枝洞石：

即白色的荔枝洞石。其肌理的丝纹明显，犹如剥开皮的新鲜荔枝肉。

白衣大士 · 王铨俤 作
冰糖地白荔枝冻石

安能辨我是雄雌·逸凡作
冰糖地白荔枝冻石

自在观音 · 林志峰 作
白荔枝冻石

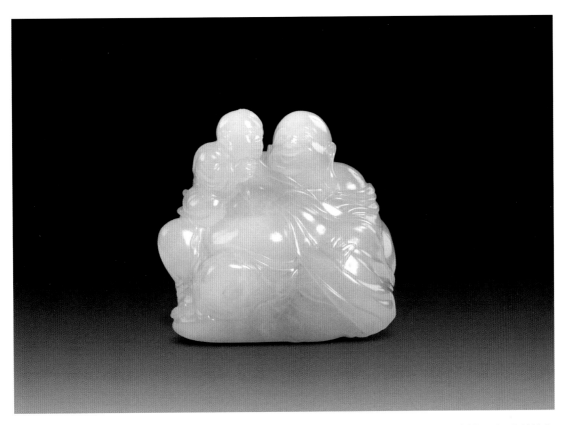

福荫子孙 · 郑幼林 作

白荔枝冻石

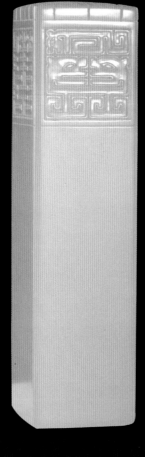

博古钮方章 · 佚名
白荔枝冻石

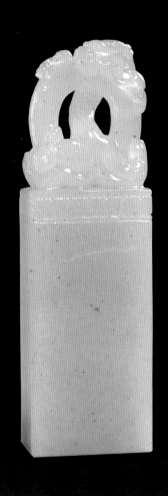

螭虎穿环章 · 逸凡 作
白荔枝冻石

持扇仕女

白荔枝冻石

弥勒

白荔枝冻石

白荔枝冻石经长期油养后外层的色泽会有所改变。

博古钮方章 · 佚名
柑黄荔枝冻石

黄荔枝洞石：

即黄色的荔枝洞石。黄色又依颜色深浅可分为蜜腊黄、杏花黄、柑黄、
蜜黄等等。纯黄的荔枝洞石十分稀有。

花卉薄意钮章·逸凡 作
蜜黄荔枝冻石

观音·丁梅卿 作
蜜蜡黄荔枝冻石

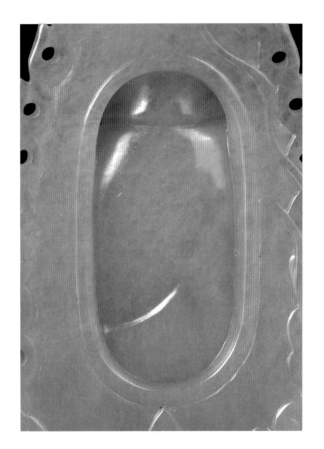

观音·背面
荔枝冻石的特征性丝纹细腻明晰。

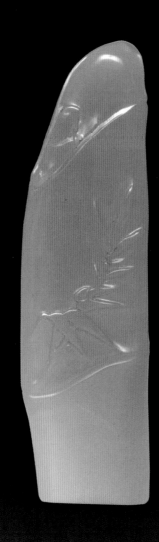

劲节·逸凡 作
黄荔枝冻石

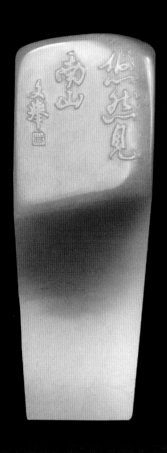
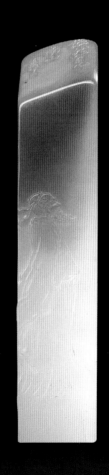

悠然见南山 · 林文举 作

黄白荔枝冻石

黄白荔枝冻原石

巧色荔枝洞石：

即两色或三色相间的荔枝洞石，一般有黄白、红白、红黄、红黄白
等色，其中红黄白三色荔枝洞石最受人喜爱，市场价值亦最高。

如日中天 · 刘丹明（石丹）藏
黄白荔枝冻石

红白荔枝洞原石

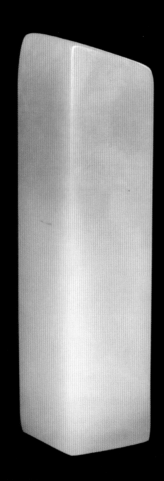

黄白荔枝冻石素章

螭虎钮
黄白荔枝洞石

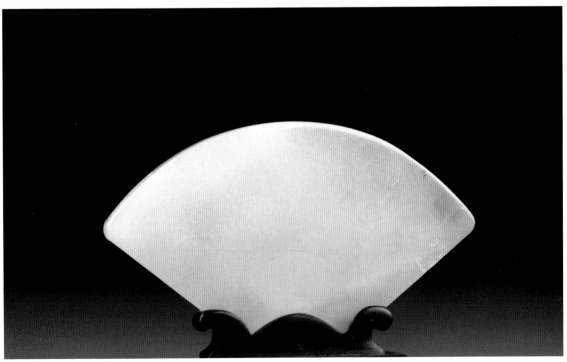

幽香雅韵 · 叶子 作
黄白荔枝洞石

竹文镇 · 逸凡作
黄白荔枝冻石

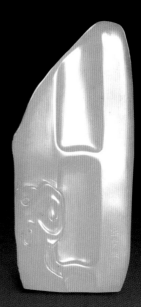

饲鹤·俞世英 作
巧色荔枝冻石

佛手·佚名
红白荔枝冻石

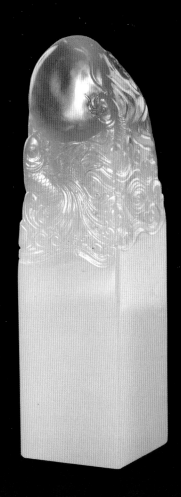

双鲤朝阳钮方章 · 石秀 作
巧色荔枝冻石

螭虎章 · 王鸿斌 作
红黄白荔枝石
此石的白色部分就像荔枝肉，所以有人
戏称这种白为"荔枝肉白"。

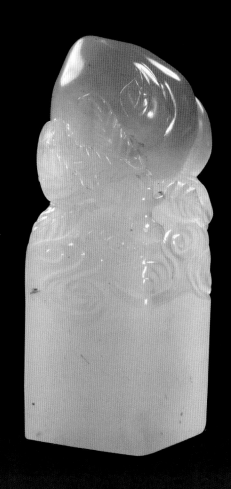

寿桃钮方章 · 逸凡 作
巧色荔枝冻石

吐水龙 · 逸凡 作
红黄白荔枝冻石

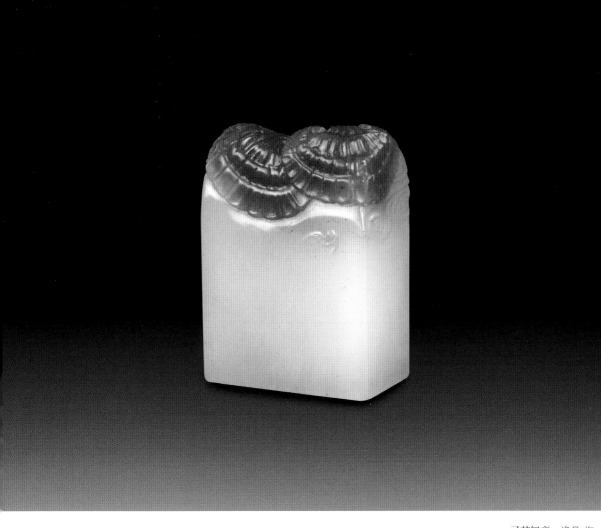

灵芝钮章 · 逸凡 作
红白荔枝石

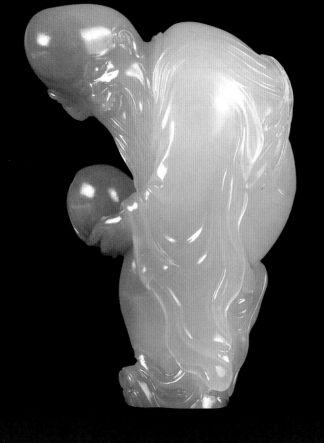

献寿图 · 刘丹明（石丹）作
红黄白巧色荔枝洞石

荔枝冻石光素方章
此石是早期的红妹洞开采的，石材很大，十分难得。

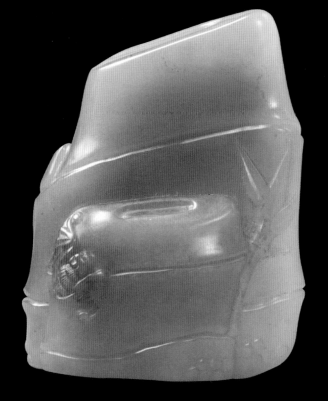

祝福·逸凡 作
巧色荔枝冻石

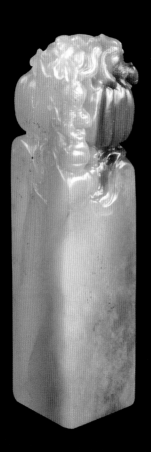

松鼠瓜
巧色荔枝冻石

　　"荔枝洞石"因洞口上方有那一棵野荔枝树而得名，说来奇怪，荔枝洞石的红色大都不通透，就像荔枝果实的壳，而白色的荔枝洞石却同剥了皮的荔枝肉一样洁白。石农说那棵野荔枝树不大，从来没有结过果，树干有些倾斜弯曲——那不是一般的树，而是荔枝仙树，她把果实都结在了地下，变成了美石。如今，那棵令人怀念的野荔枝树早就不见了倩影，而各洞运出的大量矿渣，从高山山腰处倾泻而下，在群山中形成了一大片惨白色的砂石坡，所有矿洞的洞口都被淹没了，很难想象当年开采时的红火热闹之景象。

　　荔枝洞石给世人带来了美的享受，而出产旷世美石的矿洞就如昙花一现，奉献出所有的宝藏后就不留下一丝痕迹，永远消失了。站在这当年喧闹的砂石坡上，望着无情的砂石，寻觅着野荔枝树的倩影，令人感慨不已。不由想起了唐人诗句："一骑红尘妃子笑，无人知是荔枝来。"荔枝洞石似乎与杨贵妃有相似的命运。杨贵妃"一朝选在君王侧，六宫粉黛无颜色"，荔枝洞石的出现也使寿山诸石"无颜色"；杨贵妃红颜薄命，命殒马嵬坡，而荔枝洞石红极一时后也在短短数年便绝产，连那棵曾经是重要标志的野荔枝树也不见了。今天，人们将田黄石尊为"石帝"，芙蓉石立为"石后"，而娇艳无比的荔枝洞石则被封为"贵妃"。世人都为荔枝洞石娇艳的色彩所陶醉，殊不知那种色泽过于艳丽，过艳则近妖，总不如田黄、芙蓉石般雍容稳重。但也许正是这种"妖"气，才使荔枝洞石更得世人的痴爱。

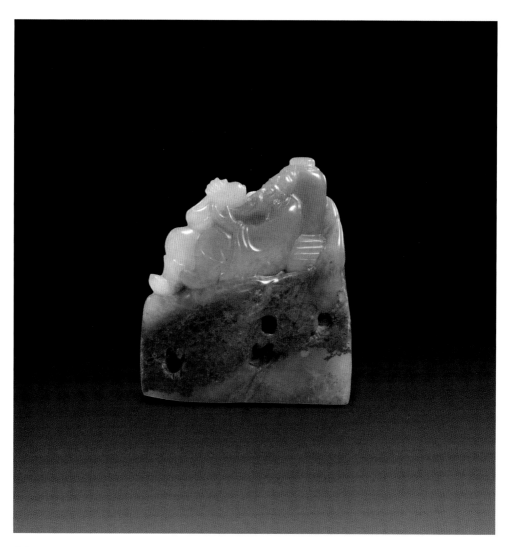

李白斗酒诗百篇 · 逸凡 作
新性荔枝冻石

新性荔枝洞石：

后期往鸡母窝洞方向开采的荔枝洞石被称作新性荔枝洞石。因矿洞接近，所以它带有一定鸡母窝石的特征，其白色偏灰蓝。

达摩戏狮图 · 刘丹明（石丹）作

新性巧色荔枝洞石

新性荔枝洞色泽偏灰白，不如早期开采的那么明艳动人。

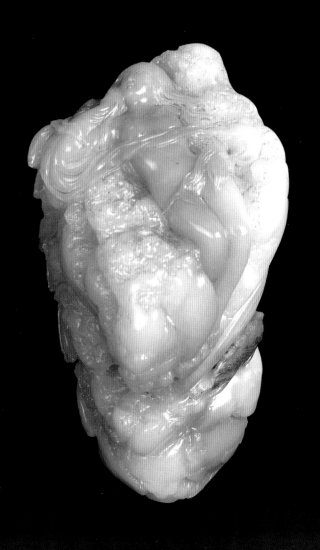

海的女儿 · 刘东 作

新性巧色荔枝冻石

第三节

荔枝洞石的特征

新性荔枝洞石素章

特征一：萝卜丝纹

荔枝洞石的肌理多含有明显的萝卜丝纹，或粗或细。

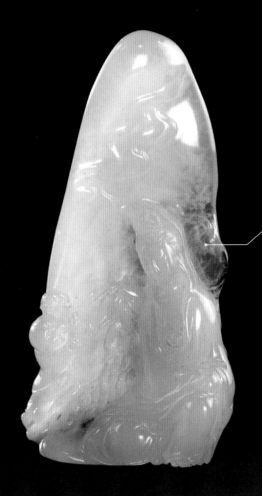

通透处可见明
显的丝纹

观音·林飞 作
白荔枝冻石

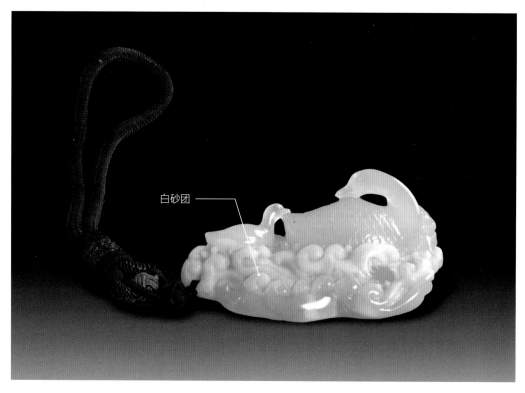

白砂团

先知·逸凡 作

荔枝冻石

白砂团常常在雕刻过程中被剔除，而此石将白砂团创作为水浪，砂团旁
晶莹洁白的部分创作为两只畅游于春江的鸭子，恰到好处地因材施艺。

特征二：砂团

荔枝洞石常常伴生着或黄或白或黑的砂团，这些砂团往往在处理的过程中被除去。带有黄
砂或白砂的荔枝石一般质地晶莹通灵，带黑砂的则较次。

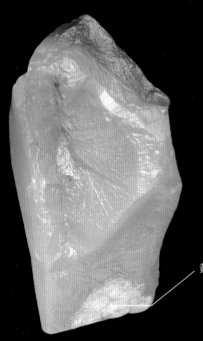
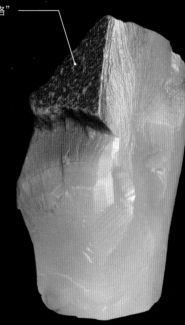

"铁锈格"

黄砂团

红黄白三色荔枝冻石原石
带有黄砂或白砂的寿山石，其质地一般都很好，带黄砂者更佳。

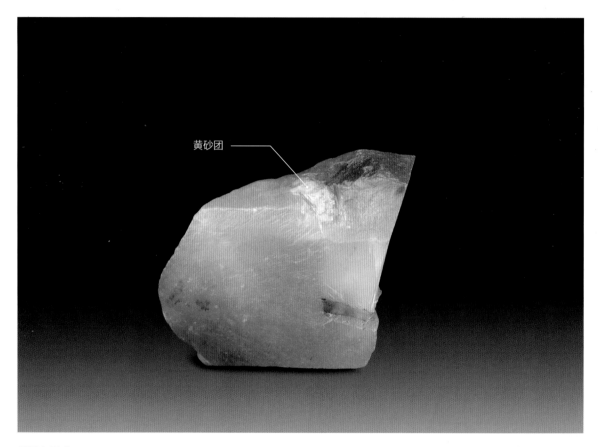

黄砂团

荔枝冻原石

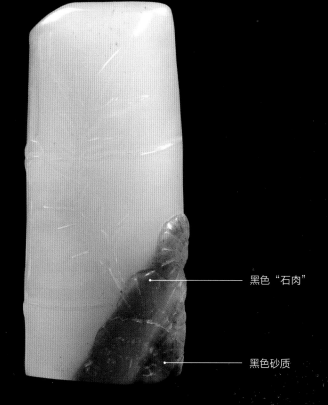

黑色"石肉"

黑色砂质

灵心 · 逸凡 作
黑白荔枝洞石
带有黑砂的荔枝洞石，其石
质逊于带黄砂或白砂的。

特征三：色泽

荔枝洞石的红色一般不通透，而白色多通透，犹如荔枝的红皮与白肉，令人不禁赞叹造化之神奇。

红白荔枝石组章

三羊开泰·逸凡 作
红白荔枝冻石
通透的白与不通透的红。

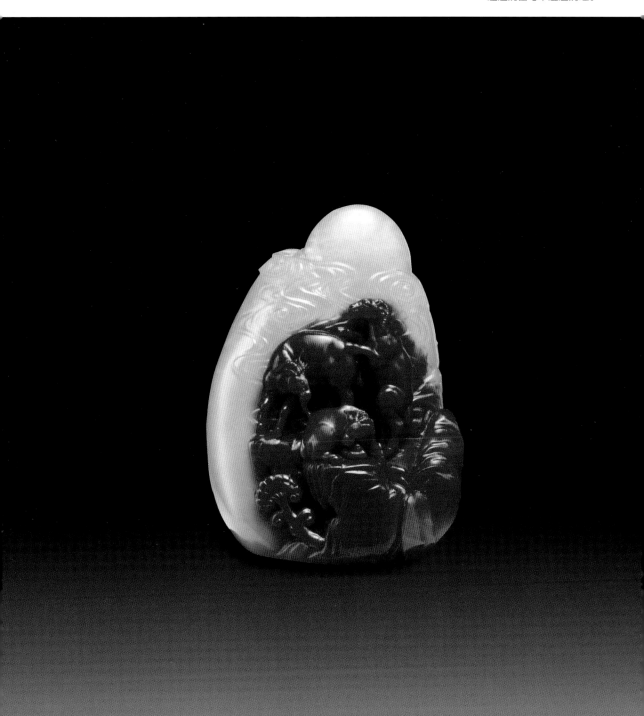

黑针点

鼎狮钮方章·逸凡 作
荔枝冻石

特征四：黑针点

不够纯净的荔枝洞石多含有如黑针般的杂点。

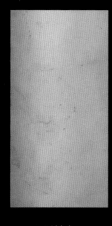

黑针点

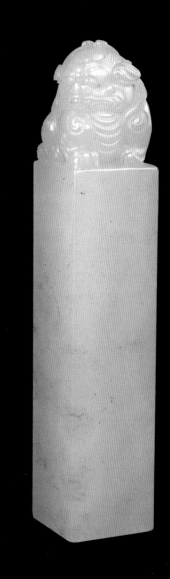

古兽钮方章
荔枝冻石

黑线

狮子戏球钮 · 逸凡 作
荔枝冻石
断断续续的黑针连成一条线就成了黑线。

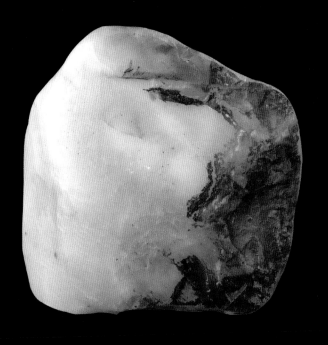

荔枝洞原石

特征五：石皮

荔枝洞石的石皮多呈铁锈色。

第四节

与荔枝洞相近的石种

鸡母窝高山石吊坠

鸡母窝高山石

产于高山，矿洞与荔枝洞石的接近。优质的鸡母窝高山石白色部分都很通透，且带有灰蓝调。其丝纹与荔枝洞石很像，两者的区别在于：鸡母窝石的红色有灵度，优于荔枝洞石，但黄色的质地不如荔枝洞石。

与荔枝洞石类似的丝纹

鸡母窝高山原石

护犊过溪 · 逸凡 作
太极头高山石

太极头高山石：

太极头高山石的矿洞在荔枝洞石之上方，石质虽不及荔枝洞石，但优质的太极头高山石带黄味，通灵而细腻，有点像荔枝洞石。其往往有白色或黄色的色团，中间十分凝腻，周围逐渐淡化。其质地差者，色泽偏暗。

文昌帝 · 逸凡 作
太极头高山石

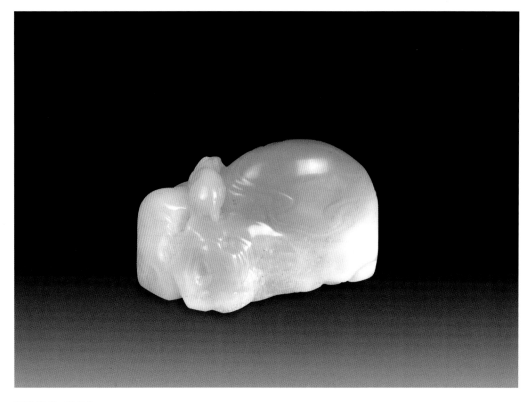

洋洋得意 · 逸凡作
白水黄石

白水黄石：

白水黄石产于高山东南面山岗的巴掌山下。早年所产之石质硬、透明，石中多裂纹。2011年，该洞出产了一批石性半透明或透明，质地细洁，石色常红黄白相伴，石质、石色均比以往佳的白水黄石。质佳者有点像荔枝洞石，但肌理没有丝纹且黑针点较多。

寿星·刘文伯 作
白水洞石

第四节

荔枝洞石的价值

　　宝岛台湾台南市"老爷坊"是经营寿山石的商家，店主姓杨，人称"杨老爷"，很有投资眼光。他看准荔枝洞石的前景，从其他藏家那收购了不少荔枝洞石作品。后来到福州时看到叶子贤刻的荔枝洞石作品《六子戏弥》，此作当时行情价在 10 万元左右，他出 16 万人民币的高价买下。这个出人意料的高价消息不胫而走，在寿山石农、福州石雕界和石贾中反响很大，荔枝洞原石和雕刻作品的价格行情立刻跟着水涨船高，而这位始作俑者"杨老爷"收藏的荔枝洞石作品之升值，就更为可观了。这是"炒荔枝"的一个实例。

　　近年来，寿山石的珍贵石种虽然有所升值，还算相对稳定，唯有荔枝洞石升值最为明显突出。

　　为什么出现这股热潮呢？虽然有炒作的因素，更重要的是以下几点必然的原因：

　　收藏家各有所好，有的专收名家名作，有的寻求收全名贵品种，有的偏爱田黄石，有的独好芙蓉石，他们总是希望自己收到的作品最好、最全、最多。物以稀为贵，收藏家对数量有限的珍品最感兴趣，荔枝洞石的出现为收藏界带来了全新的概念和机遇。

　　寿山石艺术迅速发展，人才辈出，不乏名工精品。"名家名作"的概念已经比较模糊，国家评定的"大师"不多，各地却都在评大师，自称"大师"者更是不计其数，冒充大师的作品也时有所见，所以"名家名作"收之难全，意义亦不大了，此其一也。

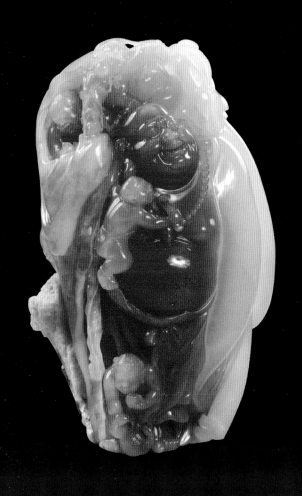

六子戏弥 · 叶子贤 作

荔枝冻石

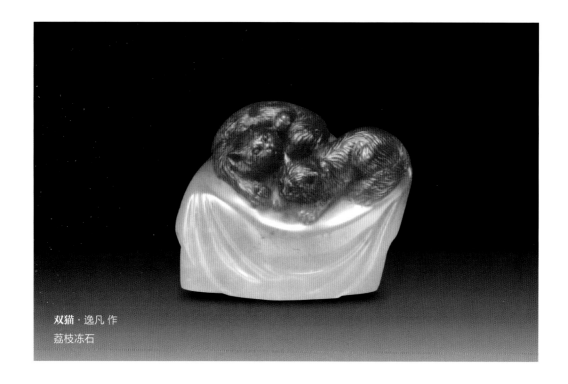

双猫·逸凡 作
荔枝冻石

其二，寿山石的品种很多，即使是田黄、芙蓉等名贵老石种，虽然稀有，但仍时有少量出产，流传世间的新旧精品多少，谁也无法估量，因此，谁也不敢夸口其所收的精品最好、最多。

近几年，寿山石发现了几个新石种，然而这些新石种的质地和色泽都不能胜过老的好石种。唯独艳丽而娇媚的荔枝洞石是"前无古人，后无来者"的新品种，而且产石期短，产量有限，材巨色美的荔枝洞石传世作品充其量不过数十件而已，屈指可数的这个事实，对于收藏家来说，具有很大的吸引力。

有位收藏家说："田黄石是石中之王，是身份的象征，当然值得收藏。但是田黄石毕竟色泽比较单调，其通灵度也比不上色泽艳丽的荔枝洞石，更为关键的是荔枝洞石已经绝产，应当是当前收藏的热点、重点，绝对是一匹黑马。"这种观点在收藏界受到普遍认可，所以有不少明智的收藏家竞相搜寻，他们说，既能欣赏又能升值，何乐而不为呢？这就激起了"荔枝热"，也必然引发"炒荔枝"之风。如今，中国大陆的收藏家实力很强，荔枝洞石的价格境内比境外高，所以许多早先流向海外的"荔枝"又回流境内，其价位之高、流通之快，前所未有。以石章为例，早期一方红黄白三色的印章充其量不过一万多人民币，现在都要二三百万以上。连以前不被看好的一方不过区区几百元的白荔枝石章，现在的价格也在几十万，有的甚至上百万。像上述几十件材巨色美的荔枝洞石传世作品，叫价动辄数千万人民币，令人咋舌。荔枝洞石为寿山石历史增添了一道绚丽的光彩。

第五节

荔枝洞石的保养

　　荔枝洞石的保养方法与高山石一样。荔枝洞石的质地比一般的高山石更为凝结坚实，只要稍许上油保养即可。石章和把玩品则适宜经常抚玩摩挲。

　　民间好石者为荔枝洞石写了一首颂歌：

高山石中佼佼者，隐居深山人未知。

天生丽质难自弃，一朝面世惊天地。

一石一色尽妍态，艳压群石无颜色。

遂令天下爱石人，不重他石重荔枝。

第六节

荔枝洞石轶事

轶事一：志在必得

2013 年 11 月 17 日北京嘉德秋季拍卖会，有一场"华郦馆藏国石臻品"专场。

潘文华先生是台湾著名的大收藏家，曾当选为台湾顶级收藏团体"清玩雅集"第四届清玩理事长。其华郦馆的馆名是前台北故宫博物院秦孝仪院长参观潘先生丰富精美的收藏品后，取潘文华先生与其夫人王嘉郦的名字为其题下的。"华郦馆藏国石臻品"是潘先生针对目前艺术品拍卖市场的行情普遍低迷、寿山石的拍卖亦不景气的状况，而特意挑选了 41 件寿山石雕在北京嘉德举行的专场拍卖。其中一件荔枝洞石拍品"笑佛弥勒章"，引起"国石馆"馆主王忠亮的注意。

　　话还得从 1988 年说起，那时王忠亮先生还在寿山村挖山采石，他开采的荔枝洞被称为"阿亮荔枝洞"，很有名气，出了不少荔枝佳石。其中有块最大的白荔枝洞石，质地晶白无暇，石材厚实。做什么事都喜欢别出心裁的他，觉得这样的材料要解出一方史无前例的荔枝洞石印章留在世上，才有历史价值和意义。当 95×95×170（毫米）的章坯出世后，立即有多人出价欲购，一个香港客人开出 8000 元人民币的价格，这在当时也算颇高的了，忠亮有点心动。正当他还在犹豫之时，一位雕刻大师丢下 1 万元人民币抱石而去，双方皆大欢喜。当时"万元户"是富人的代名词，这方印章卖了 1 万元，可算天价啊。得石后，大师雕刻了最拿手的"笑弥勒"，不久即被台湾客人以 3 万元人民币买走，几经辗转，今天终于出现。20 多年过去了，王忠亮先生由单纯采石卖石的石农，进而经营寿山石雕，如今成为为宏扬寿山石文化倾资创办的博物馆级的"国石馆"的馆长，这一路走来，从石农到办馆，体现了他对寿山石的情怀。

　　当王忠亮看到这方久别重逢的荔枝洞石巨章旧物时，马上意识到应让它回到故乡福州来，他创办的贵安国石馆是这件"宝贝"最好的归宿。

古兽章 · 陈为新 作
荔枝冻石

　　2013年11月17日晚上8点，"华郦馆国石臻品"专拍开始，"笑弥勒章"从起拍价36万开始拍，因场上竞拍者众多，竞争最为激烈精彩，一下子就冲到260万。这时一位在后排的竞拍者大声喊出"500万"，全场顿时肃静，空气似乎凝结了。前排一位拍主从此石竞拍开始，一直举着牌子没有放下，此时依然举着。拍卖官叫价到了680万时，就只剩坐在中间的王忠亮和后排的另一位拍主，两人交替不下。10万、10万……当拍价到了860万时，王忠亮还在举，拍卖师在台上笑着说，不用举了，就是你的了，全场爆发出热烈的掌声，目光纷纷投向他，表示祝贺。

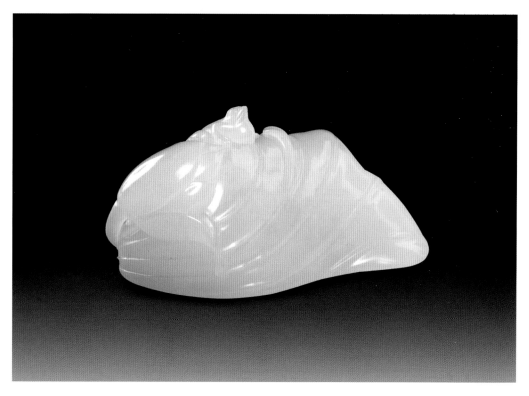

一团和气·六德 作
荔枝冻石

轶事二：石缘

　　从事高科技光纤通讯行业的美籍华人石明先生，祖上几代都是读书人，虽已入籍美国，但血管中流淌的还是中国人的血，还保持着一颗热枕的中国心，对中华民族博大精深的文化有着很深的敬仰。

　　小时候他对自己的姓氏很不以为然，认为石头坚硬粗糙，毫无感情。古语说"海枯石烂"、"石破天惊"，石头要烂了、破了才能惊天动地，那岂不是自己也完了？然而姓氏是祖宗传下来的，不能更改。因此，一直以来，他都在有意无意地寻觅石头的妙处。渐渐地，他发现，我们的祖先似乎一开始就与"石"有缘。一次偶然的机会，石先生接触到寿山石，一下子就为寿山石不可抗拒的魅力所着迷。他原不喜欢石头，后爱上浩瀚的中国石文化，又聚焦到寿山石，而且特别喜爱荔枝洞石，高价购买了许多件从台湾、香港"回流"的荔枝洞石大作品。他说：荔枝洞石质地晶莹，俏色艳丽，纹理变化无穷，含情脉脉而富有韵味。荔枝洞石雕刻的作品很有深度，能把材质、色泽、雕艺融成一个整体，飘逸着一种甜蜜的柔美，令人赞叹，令人陶醉。

　　从此，他津津乐道，感谢祖先传给他这样一个姓氏。

洋洋得意 · 逸凡 作
荔枝冻石

轶事三：金屋藏石

　　香港有位陈先生，是工薪阶层人士，却十分喜爱寿山石。荔枝洞石的出现更让他着迷。当时荔枝洞石的价位不高，他倾全力收藏了不少荔枝洞石章与中、小件作品。这些品质与色泽都相当娇美的石头，让他如获至宝，视同生命，小小的居室到处摆满了石头。十几年过去了，荔枝洞石的价格疯涨了几十甚至上百倍。如果变卖掉，是一份不小的财产。然而他宁愿不结婚，也不愿意出让一件荔枝洞石作品，在朋友中以"金屋藏石不藏娇"而闻名。